够味儿！
经典家常菜

主编◎李光健

吉林科学技术出版社

图书在版编目（CIP）数据

够味儿！经典家常菜 / 李光健主编. -- 长春：吉林科学技术出版社, 2019.12

ISBN 978-7-5578-3645-0

Ⅰ.①够… Ⅱ.①李… Ⅲ.①家常菜肴－菜谱 Ⅳ.①TS972.127

中国版本图书馆CIP数据核字(2018)第073268号

够味儿！ 经典家常菜
GOUWEIR! JINGDIAN JIACHANGCAI

主　　编	李光健
出 版 人	李　梁
责任编辑	李思言　郭劲松
书籍装帧	长春美印图文设计有限公司
封面设计	长春美印图文设计有限公司
幅面尺寸	185 mm × 260 mm
字　　数	200千字
印　　张	12.5
印　　数	5 000册
版　　次	2019年12月第1版
印　　次	2019年12月第1次印刷

出　　版	吉林科学技术出版社
发　　行	吉林科学技术出版社
地　　址	长春市净月区福祉大路5788号出版集团A座
邮　　编	130118
发行部电话/传真	0431-81629529　81629530　81629531
	81629532　81629533　81629534
储运部电话	0431-86059116
编辑部电话	0431-81629517
印　　刷	吉广控股有限公司

书　　号	ISBN 978-7-5578-3645-0
定　　价	49.90元

前　言

　　家常菜是中国菜的源头，也是地方风味菜系的组成基础，是利用各种调味品炒制出来的菜肴。家常菜具备了简单的操作性、食材的普遍性、味道的大众化等一系列优点。

　　本书精选了一百余道美味健康的家常菜，共分为蔬菜类、豆制品、禽蛋类、畜肉类、水产品五个章节，专为工作繁忙又注重美食细节的你打造。菜品既简单易做，又可百变搭出不同的花样，让你每日三餐，餐餐不重样。书中既有简单的菜式，又有较复杂的菜品，详细地介绍了一些烹饪中需要注意的事项，希望您能够在实践中省一些力气，提高成功的概率。

　　本书所示的家常菜种类丰富，让读者可以根据菜谱做出来，帮助忙碌一天的你，享受可口的家常菜品，重新找回味蕾上熟悉的感觉。

目录
CONTENTS

目录CONTENTS

★ 第五章 水产品

第一章

蔬菜类

农家两吃

够味儿！

用料

| 大白菜 200 克
| 黄豆 20 克
| 韭菜 100 克
| 豆片 80 克
| 虾酱、干辣椒粒、食盐、姜末、食用油各适量

做法

1. 黄豆放入容器内，加入清水浸泡；大白菜洗净，撕下来，叶子切掉，留白菜茎切成丁；韭菜切成段；豆片切成丝。

2. 炒锅置火上，倒入清水，下入黄豆煮3~5分钟，再下入白菜焯烫，捞出沥水。

3. 另起锅，倒食用油，加入姜末、虾酱炒香，再加入白菜丁、黄豆翻炒均匀，撒上干辣椒粒。

4. 另起锅，倒入食用油，加入豆片翻炒，再加入清水、韭菜、食盐翻炒均匀即可。

椒盐小·土豆

够味儿！

🍲 用料

| 小土豆 400 克
| 椒盐、食用油各适量
| 红椒丁、青椒丁各 10 克

🍲 做法

1. 炒锅置火上，倒入清水，放入小土豆蒸制 20 分钟。

2. 另起锅，倒入食用油，待油烧至六成热时，下入小土豆炸至金黄，捞出沥油。

3. 锅内留少许食用油，加入青椒丁、红椒丁煸香，再加入小土豆、椒盐翻炒均匀即可。

苏炒 粉条

够味儿!

🍲 用料

| 粉条 200 克
| 胡萝卜 40 克
| 上海青 50 克
| 平菇 180 克
| 食用油、生抽、食盐、葱花各适量

🍳 做法

1. 粉条放入容器内，加入清水泡 30～60 分钟；胡萝卜削皮，切成片；上海青去掉一部分叶子，中间切一刀；平菇洗净，去根，撕小片。

2. 炒锅置火上，倒入食用油，加入葱花煸香，加入胡萝卜片、生抽、清水、上海青、平菇片炒 5 分钟，加入食盐、粉条翻炒至入味，汤汁收进菜里面即可出锅。

素炒黄瓜

够味儿！

🍄 用料

| 黄瓜 200 克
| 胡萝卜 300 克
| 美人椒 25 克
| 大蒜 3 瓣

| 豆豉 10 克
| 食盐、食用油各适量
| 生抽 1 汤勺

🍲 做法

1. 黄瓜和胡萝卜切成自己喜欢的形状；美人椒去蒂，切成小圈。

2. 锅置火上，倒入适量食用油，放入大蒜、豆豉、美人椒圈煸出香味，放入切好的黄瓜、胡萝卜翻炒片刻，加入生抽和食盐调味，翻炒均匀即可出锅。

炒年糕

够味儿!

🥄 用料

| 年糕 350 克
| 鸡蛋 2 个
| 上海青 30 克
| 胡萝卜片、生抽、食盐、蒜片、姜片、食用油各适量

🍲 做法

1. 上海青洗净，去根，掰开；鸡蛋磕入碗中，打散。

2. 炒锅置火上，倒入清水，待水响边时加入年糕焯烫熟，捞出沥水。

3. 另起锅，倒入食用油，加入鸡蛋炒熟。

4. 另起锅，倒入食用油，加入蒜片、姜片煸香，再加入年糕翻炒，加入上海青、胡萝卜片、清水、生抽翻炒均匀，再加入鸡蛋、食盐翻炒均匀即可。

胡萝卜炒莴笋丝

够味儿！

🍳 用料

| 莴笋 220 克
| 胡萝卜 200 克
| 葱 1 棵
| 大蒜 5 瓣
| 食盐、食用油各适量

🍲 做法

1. 莴笋去皮，先切成片，再切成丝；葱切成葱花；大蒜切成小粒；胡萝卜去皮后切成丝。

2. 炒锅置火上，倒入食用油，放入葱花煸香，放入莴笋丝、胡萝卜丝翻炒，加入食盐、蒜粒调味，翻炒均匀即可出锅。

洋白菜炒粉条

够味儿！

🍳 用料

| 洋白菜 400 克
| 粉条 100 克
| 蒜片 5 克
| 干辣椒、食盐、生抽、食用油各适量

🍲 做法

1. 粉条放入容器内，倒入清水浸泡，沥水；洋白菜洗净，去大根，切成丝。

2. 炒锅置火上，倒入食用油，加入干辣椒煸香，加入蒜片、洋白菜翻炒，炒到洋白菜蔫软，加入泡好的粉条快速炒制，加入食盐、生抽快速翻炒均匀即可。

烤茄子

够味儿！

🥄 用料

| 茄子 400 克
| 大蒜 7 瓣
| 蚝油、香油、食盐、香葱、食用油各适量
| 红椒粒少许

🍲 做法

1. 香葱切成末；茄子去蒂，中间切开。

2. 烤盘上放一层锡纸，将茄子放在上面。

3. 大蒜剁成末，放入容器内，加入食盐、香油、蚝油搅拌均匀。

4. 调好的蒜末放在茄子的表面，其余地方用毛刷刷食用油。

5. 烤箱调至上火 225℃，下火 200℃，烘烤 20 ~ 40 分钟，烤完后撒上红椒粒、香葱末即可。

酥炸菜丸子

够味儿！

🍲 用料

| 小白菜 300 克
| 面包糠、面粉、食盐、食用油各适量

🍲 做法

1. 小白菜洗净，切碎末，放入容器内，加入清水、食盐、面粉搅拌均匀，团成丸子。

2. 取一大盘子，撒一层面包糠，丸子放上面，再撒上面包糠，使每一个丸子均匀粘上面包糠。

3. 炒锅置火上，倒入食用油，待油烧至五成热，下入丸子炸制成熟后，捞出沥油，丸子装盘即可食用。

炸香菇

够味儿！

🍄 用料

| 香菇 300 克
| 玉米淀粉 50 克
| 食盐、食用油各适量

🍲 做法

1. 香菇洗净，去根，顶刀切厚片。
2. 炒锅置火上，加入清水，待水烧开时加入切好的香菇，焯烫至香菇六分熟，捞出沥水。
3. 香菇放在干净的布或者厨房用纸上，吸干水分，再放入盘中，撒上玉米淀粉、食盐搅匀。
4. 炒锅置火上，倒入食用油，烧至六成热，加入香菇，炸至表皮呈金黄色，即可捞出装盘。

香菇油菜

够味儿！

🥢 用料

| 香菇 200 克
| 油菜 400 克
| 红椒丝、蚝油、生抽、食盐、水淀粉、食用油各适量

🍲 做法

1. 香菇洗净，去根，斜刀切 4 瓣；油菜洗净，从中间对半切开。

2. 炒锅置火上，倒入清水，待水烧开时加入油菜和香菇瓣焯熟，捞出沥水后用油菜摆盘。

3. 另起锅，倒入食用油，加入蚝油、清水、生抽、食盐和香菇瓣翻炒，用水淀粉勾芡，撒上红椒丝即可。

酸辣土豆丝

够味儿！

用料

| 土豆 400 克
| 红椒丝 25 克
| 青椒丝 20 克
| 蒜片 6 克
| 葱花 5 克
| 食用油、食盐、干辣椒、白醋各适量

做法

1. 土豆削皮，切成粗细均匀的丝，放容器内，加入清水浸泡。

2. 炒锅置火上，倒入清水，待水烧开时加入土豆丝焯烫一下，捞出沥水。

3. 另起锅，倒入食用油，加入葱花、蒜片煸香，加入干辣椒煸香，加入土豆丝、青椒丝、红椒丝、食盐、白醋，翻炒均匀即可出锅。

翡翠木耳

够味儿！

用料

| 木耳 15 克
| 菜心 100 克
| 红椒丝 50 克
| 大蒜 3 瓣
| 食盐、食用油各适量
| 生抽 2 汤勺

做法

1. 木耳放到大碗中，倒入清水泡发；菜心洗净，切成段。

2. 木耳放到沸水锅中，焯烫后捞出。

3. 炒锅内放入食用油，放入大蒜煸香，放入菜心、木耳翻炒均匀，放入生抽、食盐调味，临出锅放入红椒丝翻炒均匀即可。

爽口穿心莲

够味儿！

🥄 用料

| 穿心莲 300 克
| 食盐、白糖、白醋各适量

🍲 做法

穿心莲洗净，嫩叶摘下后放入容器内，加入食盐、白糖、白醋搅拌均匀，装盘即可食用。

清炒荷兰豆

够味儿！

🍲 用料

| 荷兰豆 400 克
| 食用油、胡萝卜、食盐、水淀粉各适量

🍲 做法

1. 胡萝卜洗净，去皮，加工成花朵状；荷兰豆洗净后去筋。

2. 炒锅置火上，倒入清水，待水响边，加入荷兰豆焯烫一下（加入少量食用油和食盐，色泽更佳），捞出沥水。

3. 另起锅，倒入少量食用油，放入荷兰豆和胡萝卜煸炒，加入食盐调味，用水淀粉勾芡即可。

拌海藻

够味儿！

📖 用料

| 海藻 200 克
| 红椒 10 克
| 青椒 15 克
| 紫甘蓝 50 克
| 洋白菜 30 克
| 食盐、米醋各适量
| 香油少许

🍲 做法

1. 红椒切成丝；青椒切成丝；洋白菜顶刀切成丝；紫甘蓝去大根，切成丝。

2. 炒锅置火上，倒入清水，待水烧开后下入海藻焯烫熟，捞出沥水，放入容器内，加入紫甘蓝丝、洋白菜丝、红椒丝、青椒丝、食盐、米醋、香油搅拌均匀即可。

白梨沙拉

够味儿！

用料

| 生菜 200 克
| 圣女果 180 克
| 黄瓜 150 克
| 白梨 1 个
| 沙拉酱 50 克

做法

1. 白梨去皮、核，切成块；黄瓜切成滚刀块；圣女果切成 2 瓣。

2. 取一大碗，用生菜叶垫底，圣女果块、黄瓜块、白梨块放在上面，加入沙拉酱即可。

清炒鸡毛菜

够味儿!

🍄 用料

| 鸡毛菜 500 克
| 枸杞子 5 克
| 干香菇 10 克
| 大枣 5 个
| 食盐、姜片、食用油、香葱段、蒜瓣各适量

🍲 做法

1. 大枣切开后去核;干香菇放入容器内,加入清水浸泡 20 分钟;枸杞子放入容器内,加入清水浸泡 10 分钟。

2. 炒锅置火上,倒入食用油烧热,加入姜片、香葱段、蒜瓣煸香,加入干香菇、鸡毛菜翻炒,加入食盐、枸杞子、大枣翻炒均匀即可。

青菜钵

够味儿！

用料

| 广东菜心 400 克
| 白萝卜 100 克
| 枸杞子少量
| 食盐、蒜末、食用油各适量

做法

1. 菜心和白萝卜洗净，顶刀切成丁；枸杞子洗净。

2. 炒锅置火上，倒入少量食用油，加入蒜末煸香，加入白萝卜、菜心翻炒，加入食盐快速翻炒，撒上枸杞子即可。

酸辣瓜条

够味儿!

🍳 用料

| 黄瓜 300 克
| 辣椒、美人椒、辣椒油、白醋、食盐各适量

🍲 做法

1. 黄瓜洗净,切成条;辣椒洗净,去根,切成丁。

2. 黄瓜条放入容器内,加入辣椒丁、食盐、白醋、辣椒油、美人椒搅拌均匀即可。

鲜吃洋葱木耳

够味儿！

用料

| 木耳 20 克
| 洋葱 30 克
| 香菜段、辣椒油、食盐、香油、米醋各适量

做法

1. 木耳放入容器内，加入清水泡发；洋葱去皮，切圈。

2. 炒锅置火上，倒入清水，倒入木耳焯烫一下，捞出沥水后放入容器内，加入洋葱圈、食盐、米醋、香油、辣椒油、香菜段，搅拌均匀即可。

凉拌 枸杞苗

够味儿！

🥣 用料

| 枸杞苗 400 克
| 食盐、香油、白糖各适量
| 红椒粒少许

🍲 做法

枸杞苗洗净后倒入容器内，加入食盐、香油、红椒粒搅拌均匀，加入白糖搅拌均匀即可食用。

苦麻菜蘸豆酱

够味儿！

🍄 用料

| 苦麻菜 300 克
| 黄豆酱适量

🍲 做法

1. 苦麻菜洗净，去根、茎、不好的叶子。
2. 蘸黄豆酱即可食用。

炒合菜
够味儿！

🍳 用料

| 豆芽菜 150 克
| 韭菜 120 克
| 细粉丝 50 克
| 胡萝卜 100 克
| 鸡蛋 3 个
| 葱花、姜末各少许
| 大蒜 3 瓣
| 生抽 2 汤勺
| 食盐、食用油各适量

🍲 做法

1. 洗净的胡萝卜去皮，先切成段，再切成片，最后切成细丝；韭菜洗净后切成段；细粉丝放入装有清水的大碗中泡软。

2. 鸡蛋磕入碗中，放入少量的食盐搅拌均匀。

3. 炒锅放入食用油，倒入蛋液，摊成鸡蛋饼。

4. 另起锅，放入食用油，再放入葱花、姜末、大蒜煸香，放入豆芽菜、生抽、食盐、细粉丝翻炒均匀，放入韭菜段、胡萝卜丝翻炒均匀，放入鸡蛋饼翻炒片刻即可。

44

蒜蓉粉丝娃娃菜

够味儿！

🍄 用料

| 娃娃菜 400 克
| 粉丝 50 克
| 香葱 20 克
| 红椒 5 克
| 大蒜 6 瓣
| 食用油、豆豉各适量

🍲 做法

1. 粉丝放入容器内，倒入清水泡发；香葱洗净后切成末；红椒切成粒；娃娃菜洗净，从中间切开，再切成几个小瓣；大蒜剁成末。

2. 炒锅置火上，倒入清水，放入娃娃菜，待娃娃菜蔫软，捞出沥水后装盘。

3. 泡好的粉丝放在娃娃菜下面，在娃娃菜上撒上蒜末。

4. 蒸锅置火上，将装有娃娃菜的盘子放入锅中，蒸制 10 分钟左右，待娃娃菜蒸好后取出，撒上香葱末、红椒粒。

5. 炒锅置火上，倒入食用油，烧至八成热，将油快速泼在娃娃菜表面，撒上豆豉即可。

拍蒜 老婆耳

够味儿！

🥢 用料

| 老婆子耳朵 400 克
| 大蒜 10 瓣
| 食盐、香油各适量
| 红椒 8 克

🍲 做法

1. 老婆子耳朵洗净，撕除筋。

2. 炒锅置火上，加入清水，将老婆子耳朵凉水下锅焯烫 3～5 分钟后，捞出投凉。

3. 大蒜压碎；红椒切成粒。

4. 老婆子耳朵放入容器内，加入大蒜碎、红椒粒、食盐、香油搅拌均匀即可。

鲜吃板蓝根

够味儿!

用料

板蓝根 300 克
葱 1 棵
麻酱、食盐各适量

做法

1. 板蓝根洗净，去根；葱切圈，留下最外层的部分。
2. 板蓝根套入葱圈内，摆盘。
3. 在麻酱中加入食盐、清水搅匀搅散，食用时可以蘸麻酱。

美味拌黄瓜

够味儿!

🥗 用料

| 黄瓜 400 克
| 泰椒 50 克
| 白醋、白糖、食盐各适量

🍲 做法

1. 泰椒洗净后去根，切成粒；黄瓜洗净，顶刀切圆片。

2. 将黄瓜片放入容器内，加入食盐、白醋、白糖搅拌均匀，放入盘内，撒上泰椒粒即可食用。

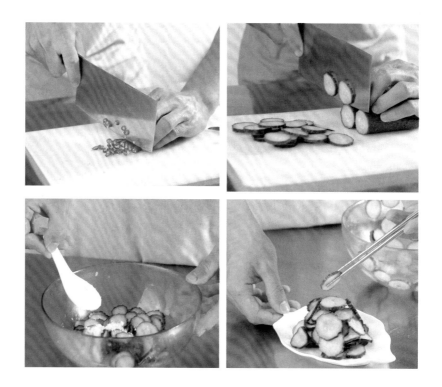

彩椒拌虾皮

够味儿！

🥢 用料

| 虾皮 50 克
| 红椒、黄椒、青椒各 100 克
| 葱 1 棵
| 食盐、白糖各适量

🍲 做法

1. 红椒、黄椒、青椒洗净，去籽，撕块；葱洗净，撕成块。

2. 红椒块、黄椒块、青椒块、葱块、虾皮放入容器内，加入食盐、白糖搅拌均匀，装盘即可。

大拌凉菜

够味儿！

用料

| 西生菜 200 克
| 苦苣 100 克
| 紫甘蓝 120 克
| 黄椒 50 克
| 红椒 10 克
| 黑芝麻、食盐、白糖、白醋各适量

做法

1. 紫甘蓝去根和大梗，撕成小块；黄椒、红椒切成小片；西生菜撕成小块；苦苣洗净，去根后切小段。

2. 所有食材放入容器内，加入食盐、白糖、白醋搅拌均匀，装盘后撒上黑芝麻即可。

53

家常土豆片

够味儿！

🍄 用料

| 猪肉 50 克
| 土豆 300 克
| 西红柿 150 克
| 青椒 100 克
| 蒜片 5 克
| 食盐、水淀粉、食用油各适量

🍲 做法

1. 所有蔬菜洗净；猪肉洗净后切成片；土豆削皮，中间切开，再用斜刀切成块，最后切菱形片；青椒去蒂、籽，切菱形块；西红柿从中间切开，切成块。

2. 炒锅置火上，倒入清水，待水烧开时加入土豆片焯烫一下，捞出沥水。

3. 另起锅，加入食用油烧热，加入蒜片煸香，加入西红柿块和青椒块翻炒，略出一些汁时加入土豆片、食盐翻炒均匀，临出锅倒入水淀粉勾芡即可。

55

钵子南瓜

够味儿！

🍲 用料

| 南瓜 500 克
| 大枣 5～8 个
| 百合 10 克
| 白糖、枸杞子各适量

🍲 做法

1. 南瓜改刀成小块，放入盛有清水的锅中，煮沸后放入白糖，转小火炖至汤汁黏稠，然后盛入容器中。

2. 大枣、百合、枸杞子放入煮沸的水中煮 5～10 分钟，捞出大枣、百合、枸杞子，放在南瓜块上即可。

五彩桔梗

够味儿!

🍲 用料

| 桔梗 300 克
| 食盐、香油、黑芝麻各适量
| 红椒丝 5 克
| 青椒丝、黄椒丝各 8 克

🍲 做法

1. 桔梗放入容器内，倒入清水，泡发。
2. 炒锅置火上，倒入清水，加入桔梗焯烫一下，捞出沥水，挑出较长的桔梗，切短放入容器中，加入食盐、青椒丝、红椒丝、黄椒丝、香油、黑芝麻搅拌均匀,稍加装饰即可。

蚝油生菜

够味儿！

🥘 用料

| 西生菜 600 克
| 蒜片 3 克
| 红椒粒、黄椒粒、食盐、
蚝油、食用油各适量

🍲 做法

1. 西生菜洗净，撕成小块。

2. 炒锅置火上，倒入食用油，加入蒜片、西生菜块翻炒，加入食盐、蚝油翻炒均匀，撒上红椒粒、黄椒粒即可。

拌 **苦苣**

够味儿！

🍲 用料

| 苦苣 300 克
| 红椒 10 克
| 黄椒 12 克
| 香油少许
| 白醋、黑芝麻、食盐各适量

🍳 做法

1. 红椒、黄椒洗净后去根，切成粒；苦苣洗净后去根，切成段。
2. 苦苣段放入容器内，加入红椒粒、黄椒粒、黑芝麻、食盐、香油、白醋搅拌均匀，装盘即可。

蛋皮菜卷

够味儿！

用料

| 鸡蛋 7 个
| 小白菜 300 克
| 水淀粉、食盐、食用油各适量

做法

1. 鸡蛋磕入容器内，打散鸡蛋后加入水淀粉，再搅拌均匀。

2. 锅置火上，倒入食用油烧热，倒入鸡蛋糊，摊成薄饼后取出。

3. 炒锅置火上，倒入清水，下入小白菜焯烫熟，捞出沥水后放入容器内，加入食盐搅拌均匀，放在鸡蛋饼上，自一头卷起，卷好的鸡蛋卷斜刀切成块即可。

西蓝花杏鲍菇

够味儿！

🍳 用料

| 西蓝花 300 克
| 杏鲍菇 250 克

| 大蒜 5 瓣
| 食用油、美人椒圈、食盐、水淀粉、橙汁各适量

🍲 做法

1. 西蓝花洗净，从每一朵花根处切断；杏鲍菇洗净，中间切开，顶刀切成片。

2. 炒锅置火上，倒入清水，加入西蓝花和杏鲍菇片，焯烫七分熟后捞出。

3. 另起锅，倒入食用油烧热，加入西蓝花、食盐翻炒均匀，加入水淀粉勾芡，倒出装盘。

4. 另起锅，倒入食用油烧热，加入大蒜、杏鲍菇片、食盐、橙汁、水淀粉翻炒后装盘，撒上美人椒圈即可。

63

豉汁苦瓜

够味儿！

用料

| 苦瓜 200 克
| 红椒、食用油、葱花各适量
| 豆豉 20 克

做法

1. 苦瓜洗净后去蒂、瓤、籽，切成段；红椒切成粒。

2. 苦瓜段放入沸水中，焯烫片刻后捞出，沥水。

3. 炒锅置火上，放入食用油、红椒粒、豆豉，待豆豉炒出香味时，浇在苦瓜上，撒上葱花即可食用。

蒜泥茄子

`够味儿!`

🌸 用料

| 茄子 400 克
| 大蒜 6 瓣
| 香油、生抽、食盐、葱花、青椒粒、红椒粒、玉米粒各适量

🍲 做法

1. 茄子洗净，去根、皮，切成条；大蒜碾压碎，剁成末。

2. 茄子放入容器中，撒上部分蒜末。

3. 蒸锅置火上，茄子放入锅中，蒸 15 分钟左右，取出后装碗。

4. 剩下的蒜末放入容器内，加入葱花、青椒粒、红椒粒、玉米粒、香油、生抽、食盐搅拌均匀，倒在茄子上即可。

蔬菜沙拉

够味儿！

用料

| 西生菜 300 克
| 沙拉酱适量
| 红椒 40 克
| 青椒 50 克
| 黄瓜 30 克
| 圣女果 60 克

做法

1. 黄瓜洗净，斜刀切成片；圣女果洗净，去蒂，从中间切开；青椒、红椒洗净，掰成小块；西生菜撕成小片。

2. 处理好的蔬菜放入容器内，倒入沙拉酱即可。

生拌麦菜卷

够味儿！

用料

| 莜麦菜 400 克
| 芝麻酱 20 克
| 胡萝卜 100 克
| 生抽、食盐各适量

做法

1. 莜麦菜摘下叶子，洗净，切成段；胡萝卜去皮，洗净，用刮皮刀削成不断开的长条薄片。

2. 胡萝卜薄片用食盐腌 5 分钟，腌好的胡萝卜薄片放在下面，取莜麦菜段，用胡萝卜薄片卷起来，装盘。

3. 芝麻酱放入容器内，加入水、生抽、食盐搅散，浇在莜麦菜卷上即可。

蒸蓝莓 山药

🍲 用料

| 山药 400 克
| 蓝莓酱适量

🍳 做法

1. 山药削皮，顶刀切成片，装入盘内。

2. 蒸锅置火上，山药放入锅中蒸 10 ～ 15 分钟，取出后将蓝莓酱浇在上面即可。

第二章

豆制品

海味白菜豆腐丝

够味儿！

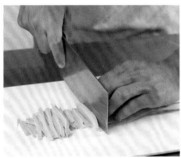

🍳 用料

| 白菜 350 克
| 豆片 200 克
| 食用油、虾酱、食盐各适量
| 葱花 10 克

🍲 做法

1. 白菜根部切成丝；豆片切成片，再切成丝。

2. 炒锅置火上，倒入食用油，加入葱花煸香，再加入白菜煸炒，加入虾酱、豆片煸炒，加入清水、食盐煮 5 分钟即可出锅。

青豆肉末烧豆腐

够味儿！

🍄 用料

| 五花肉 100 克
| 豆腐 500 克
| 青豆 30 克
| 胡萝卜丁 20 克
| 食盐、食用油各适量
| 葱花 5 克
| 姜末 8 克

🍲 做法

1. 豆腐从中间切开，切成片；五花肉洗净，切成丁。

2. 炒锅置火上，倒入食用油，加入五花肉丁、姜末、葱花煸炒，加入青豆、胡萝卜丁翻炒，再加入清水、豆腐片、食盐烧 5 分钟，待汤汁收进去时即可出锅。

农家煎豆腐

够味儿！

🐟 用料

| 前尖肉 100 克
| 香葱 50 克
| 干辣椒圈、食盐、食用油各适量
| 豆腐 200 克
| 大蒜 6 瓣

🍲 做法

1. 前尖肉洗净，去皮，再切成条；豆腐中间切一刀，再切成略厚的片；香葱洗净，切成葱花。

2. 炒锅置火上，倒入食用油烧热，放入豆腐片，煎至两面金黄后出锅。

3. 另起锅，放入大蒜、干辣椒圈爆香，加入肉条炒至变色，加入清水，水开后加入豆腐片、食盐，5 分钟左右出锅，撒上葱花即可。

香菜拌豆腐

够味儿!

🍄 用料

| 豆腐 500 克
| 香菜、红椒、生抽、食盐各适量

🍲 做法

1. 红椒洗净后切成粒；豆腐切成条，改刀切方块；香菜洗净后切成末。

2. 豆腐块、香菜末放入容器内，加入食盐、生抽搅拌均匀，再撒上红椒粒配色即可。

拌 豆腐丝

够味儿！

🍲 用料

| 豆腐丝 150 克
| 香菜 20 克
| 胡萝卜 100 克
| 辣椒油 2 汤勺
| 大蒜 3 瓣
| 食盐、干辣椒各适量

🍳 做法

1. 胡萝卜去皮，切成丝；香菜切成段；大蒜切成末。

2. 干辣椒、豆腐丝、胡萝卜丝、香菜段放入大碗中，辣椒油淋在上面，放入蒜末和食盐，搅拌均匀即可食用。

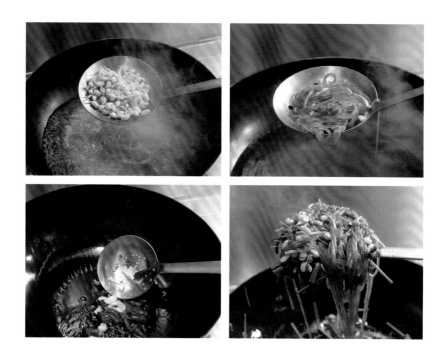

豆芽炒粉条

够味儿！

🍲 用料

| 豆芽 200 克
| 粉条 50 克
| 韭菜 100 克
| 干辣椒、食盐、生抽、葱花、蒜片、食用油各适量

🍲 做法

1. 粉条放入容器内，加入清水，浸泡；韭菜切成段。

2. 炒锅置火上，倒入清水，下入豆芽焯烫煮熟，捞出沥水；粉条下入锅中焯烫一下，捞出沥水。

3. 另起锅，倒入食用油，加入葱花、蒜片、干辣椒煸香，加入豆芽翻炒，加入生抽、清水、食盐、粉条翻炒均匀，加入韭菜段翻炒后即可出锅。

卤煮毛豆

够味儿！

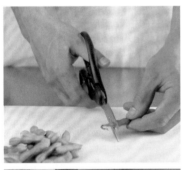

🥄 用料

| 毛豆 500 克
| 食盐、葱片、花椒、桂皮各适量
| 姜片 2 克
| 大料 2 瓣
| 香叶 2 片
| 干辣椒 2 根

🍲 做法

1. 毛豆两端尖角剪断。

2. 炒锅置火上，加入清水、葱片、姜片、花椒、大料、香叶、桂皮、干辣椒、处理好的毛豆、食盐用大火烧开，转小火煮 25 分钟，待毛豆煮熟时即可。

皮蛋豆腐

够味儿！

🥄 用料

| 内酯豆腐 1 块
| 皮蛋 1 个
| 葱花、红椒粒、食盐、香油各适量

🍲 做法

1. 内酯豆腐在盘中横着切成片。

2. 炒锅置火上，倒入清水，放入皮蛋，煮 5～10 分钟后捞出，皮蛋去皮，切成小丁，撒在豆腐片上，加入香油和食盐，撒上红椒粒、葱花即可。

剁椒蒸豆腐

够味儿！

🍲 用料

| 豆腐 500 克
| 美人椒 25 克
| 豆豉 10 克
| 蒸鱼豉油 3 汤勺
| 香葱适量

🍳 做法

1. 洗净的美人椒去蒂，切成椒圈；香葱切成葱花；豆腐切成片。

2. 豆腐片摆在容器中，加入蒸鱼豉油，美人椒圈、豆豉撒在豆腐片上，豆腐片放入蒸锅中蒸 10 分钟，上桌时撒上葱花即可。

炝拌豆芽

够味儿!

用料

| 绿豆芽 500 克
| 干辣椒 50 克
| 胡萝卜少许
| 大蒜 7 瓣
| 食用油、香油、食盐、香菜各适量

做法

1. 胡萝卜洗净,切细丝;香菜洗净,切小段;大蒜拍碎,切碎末。

2. 炒锅置火上,倒入食用油,烧至五成热后放入干辣椒,炸10秒后倒出,留辣椒油。

3. 另起锅,倒入清水,加入绿豆芽焯烫熟,捞出投凉,沥水后倒入容器内,放入胡萝卜丝、食盐、辣椒油、香油、香菜段、大蒜末,搅拌均匀即可装盘食用。

家常豆腐

够味儿！

🍲 用料

| 豆腐干 400 克
| 蒜薹 50 克
| 胡萝卜 100 克
| 干木耳 5 克
| 姜片 5 克
| 蒜片 4 克
| 食用油、郫县豆瓣酱、生抽、水淀粉各适量

🍲 做法

1. 干木耳放入容器内，倒入清水，泡发后挤去水分；豆腐干放案板上，切方块，再从对角线切开，切三角形片；胡萝卜洗净，削皮，先斜刀切菱形块，再切成片；蒜薹洗净，切成段。

2. 炒锅置火上，倒入食用油，待油烧至六成热时，加入豆腐片炸至呈金黄色，捞出沥油。

3. 锅内留有食用油，加入姜片、蒜片煸香，加入郫县豆瓣酱炒散，加入胡萝卜片、豆腐片、蒜薹、木耳、生抽、清水烧 3～5 分钟，临出锅时倒入水淀粉勾芡即可。

麻婆豆腐

够味儿！

🍳 用料

| 豆腐 500 克
| 肉末 50 克
| 葱 3 棵
| 姜片 3 克
| 大蒜 5 瓣
| 郫县豆瓣酱 30 克
| 水淀粉、食用油、酱油、老干妈辣酱、食盐各适量

🍲 做法

1. 葱洗净后切成葱花；大蒜切成末；姜片切成末；豆腐切成片，再切成条，最后切成方块。

2. 炒锅置火上，倒入清水，豆腐块放入锅中煮至水沸，捞出沥水。

3. 另起锅，倒入食用油，加入郫县豆瓣酱、蒜末和姜末炒香，锅中加入肉末翻炒变色，如果想要颜色亮丽，可加入少量老干妈辣酱，然后加入酱油，清水适量（不需要没过豆腐），加入适量食盐，待水响边（锅边开始略微冒小泡），倒入豆腐块，小火慢煮 7 分钟，用水淀粉勾芡，轻推（豆腐块不可翻炒）后撒上葱花即可。

小·白菜炖豆腐

够味儿！

🍲 用料

| 豆腐 300 克
| 小白菜 200 克
| 姜片 5 克
| 食盐、枸杞子各适量

🍲 做法

1. 小白菜洗净，去根后切成段；枸杞子洗净；豆腐切成片。

2. 炒锅置火上，倒入清水，加入豆腐片、小白菜段、姜片炖 10 分钟，再加入食盐调味，3 分钟后出锅，撒上枸杞子即可。

第三章

禽蛋类

小·葱炒 鸡蛋

够味儿!

⊘ 用料

| 鸡蛋 5 个
| 葱 2 棵
| 食盐、食用油各适量

☕ 做法

1. 鸡蛋磕入碗中，打散；葱洗净，中间切开，再切 4 条，顶刀切葱花，加入蛋液中搅拌均匀。

2. 炒锅置火上，倒入食用油，加入蛋液、食盐，炒至成形即可出锅。

手撕柴鸡

够味儿！

用料

| 柴鸡 500 克
| 白糖、食盐各适量
| 大料 4 瓣
| 大米少许

做法

1. 炒锅置火上，倒入清水，加入柴鸡、大料、食盐，煮 50 ～ 60 分钟，捞出柴鸡后沥水。

2. 另起锅，倒入大米、白糖，柴鸡放在蒸屉中，盖上盖熏制，待柴鸡颜色变深黄色时，取出放凉，撕成条，装盘即可。

香酥炸鸡腿

够味儿！

🍴 用料

| 鸡腿 600 克
| 鸡蛋 2 个
| 大蒜 6 瓣
| 食盐、食用油、椒盐、白芝麻、番茄酱各适量
| 面粉 150 克

🍲 做法

1. 鸡腿洗净，用牙签扎透；大蒜剁成末。

2. 面粉放入容器内，加入鸡蛋、清水、食盐、蒜末搅拌均匀，调成面糊。

3. 炒锅置火上，倒入食用油，烧至四成热，将鸡腿均匀地粘上面糊，再放入油锅内，待炸至呈金黄色时，捞出沥油，撒上白芝麻、椒盐，配番茄酱吃即可。

西红柿炒鸡蛋

够味儿！

🍲 用料

| 鸡蛋 5 个
| 西红柿 200 克
| 食用油、食盐、白糖各适量
| 葱花 10 克
| 蒜片 5 克

🍳 做法

1. 西红柿洗净，去蒂，切橘子瓣状；鸡蛋磕入碗中，打散。

2. 炒锅置火上，倒入食用油，加入蛋液炒制，待成形时盛出。

3. 另起锅，倒入食用油，加入葱花、蒜片煸香，加入西红柿炒出汤汁，加入食盐、白糖、鸡蛋，翻炒均匀即可出锅。

炖柴鸡

够味儿！

🐟 用料

| 柴鸡 500 克
| 大料 3 瓣
| 花椒 4 克
| 姜片 5 克
| 葱段 10 克
| 食用油、食盐、生抽各适量
| 料酒少许

🍲 做法

1. 柴鸡斩去屁股，从中间斩开，斩成块，去鸡爪。

2. 炒锅置火上，倒入清水，下入鸡块焯烫 5～10 分钟，捞出沥水。

3. 另起锅，倒入食用油烧热，放入姜片、大料、花椒、葱段煸香，放入鸡块、生抽翻炒均匀，加入清水、食盐、料酒炖 40 分钟左右即可。

小·鸡炖蘑菇

够味儿！

🍲 用料

| 鸡块 300 克
| 姜片 6 克
| 蒜片 8 克
| 粉条 20 克
| 榛蘑 200 克
| 大料 3 瓣
| 食用油、老抽、食盐、香菜段、香葱段、红椒丝各适量

🍳 做法

1. 粉条放入水中泡发；鸡块洗净后斩成小块。

2. 炒锅置火上，倒入清水，将鸡块加入水中焯烫，撇除血沫，捞出沥水。

3. 另起锅，倒入食用油，加入姜片、蒜片、大料煸香，加入老抽、清水，烧开后倒入炖锅中，加入鸡块、榛蘑炖 10 分钟，加入粉条、食盐，5 分钟后出锅，撒上香菜段、香葱段、红椒丝即可。

葱油鸡翅

够味儿!

🥄 用料

- 鸡翅5～8个
- 葱花50克
- 姜片少许
- 料酒2汤勺
- 食盐适量
- 葱油1汤勺

🍲 做法

1. 用刀在每个鸡翅上分别切一个小口,以便腌制的时候容易入味,鸡翅放在大碗中,放入料酒、食盐腌制1小时。
2. 腌制好的鸡翅放入锅中,加入姜片和清水将其煮熟后捞出装盘。
3. 葱花和葱油一起浇在鸡翅上即可食用。

仔姜鸭翅

够味儿！

用料

| 鸭翅 300 克
| 大蒜 5 瓣
| 食用油、生抽、辣椒油、食盐、姜、美人椒各适量

做法

1. 姜去皮后切成片，再切成略粗的丝；鸭翅斩去翅尖，再斩成段。

2. 炒锅置火上，倒入清水，加入鸭翅焯烫后捞出沥水。

3. 另起锅，倒入食用油，加入鸭翅炸 3 分钟后捞出沥油。

4. 锅内留有食用油，加入鸭翅、大蒜、美人椒煸香，加入清水、食盐、生抽、辣椒油、姜丝烧 15 分钟左右即可。

韭菜炒鸡蛋

够味儿！

🍳 用料

| 韭菜 200 克
| 鸡蛋 3 个
| 食用油、食盐、葱花、红椒丝各适量

🍲 做法

1. 韭菜择洗干净，切成段；鸡蛋磕入碗中，加入食盐后搅拌均匀。

2. 炒锅置火上，倒入食用油烧热，倒入蛋液，炒熟后盛出。

3. 另起锅，倒入少量食用油烧热，放入葱花炝锅，放入韭菜段翻炒均匀，加入食盐、炒好的鸡蛋，翻炒均匀后出锅，撒上红椒丝即可。

杏鲍菇黄焖鸡

够味儿！

🍳 用料

| 鸡肉 500 克
| 杏鲍菇 100 克
| 葱段 20 克
| 姜片 5 片
| 大蒜 6 瓣
| 大料 3 瓣
| 食用油、生抽、老抽、食盐、白糖、水淀粉、青椒块、红椒块、干辣椒各适量

🍲 做法

1. 杏鲍菇洗净，切滚刀块；鸡肉洗净，斩成块。

2. 炒锅置火上，倒入食用油，待油烧至六成热时，倒入杏鲍菇块，炸至金黄色捞出沥油。

3. 另起锅，倒入清水，鸡肉冷水下锅，焯烫 5～10 分钟，用勺子将血沫撇除，捞出沥水。

4. 另起锅，倒入食用油，加入葱段、姜片、大蒜、大料煸香，倒入鸡块、杏鲍菇块、生抽、老抽煸炒，加入清水烧 10 分钟左右，加入青椒块、红椒块、食盐、白糖、干辣椒翻炒，临出锅时倒入水淀粉勾芡即可。

虾仁蒸鸡蛋

够味儿！

🦐 用料

| 虾仁 100 克
| 鸡蛋 5 个
| 青豆少许
| 食盐、枸杞子、葱花各适量

🍲 做法

1. 取一容器，磕入鸡蛋，加入食盐、清水搅拌均匀。

2. 炒锅置火上，倒入清水，待水烧开后加入虾仁焯烫熟，捞出沥水。

3. 另起锅，倒入清水，放入箅子，将搅拌好的蛋液放在箅子上蒸 10 分钟，再将虾仁、青豆放在鸡蛋上面蒸 5～10 分钟，撒上枸杞子、葱花即可。

蜜汁鸡翅

够味儿!

🥢 用料

| 鸡翅 450 克
| 姜末 20 克
| 食用油、蚝油、白芝麻、莴苣各少许
| 冰糖 50 克

🍲 做法

1. 鸡翅洗净，剁去翅尖，放入容器内，加姜末、蚝油搅拌均匀，腌制 10 分钟。

2. 炒锅置火上，倒入食用油烧热，腌制好的鸡翅放入锅内煎至金黄，加入蚝油、冰糖、清水烧至汤汁浓稠出锅，出锅后撒上白芝麻、莴苣即可。

芋头烧鸡腿

够味儿!

🍶 用料

| 鸡腿 300 克
| 葱花、食用油、青椒块、红椒块、老抽、食盐、水淀粉各适量
| 姜片 5 克
| 蒜片 6 克
| 花椒 3 瓣
| 芋头 50 克

🍲 做法

1. 芋头去皮,切滚刀块;鸡腿洗净,斩成块。

2. 炒锅置火上,倒入清水,鸡块冷水下锅焯烫 5~10 分钟,用勺子撇除血沫,捞出沥水。

3. 另起锅,倒入食用油,加入姜片、蒜片、鸡块煸香,加入芋头块、老抽、花椒、食盐、青椒块、红椒块、清水烧 10~15 分钟,临出锅时加入水淀粉勾芡,撒上葱花即可。

香菇栗子鸡

够味儿！

用料

| 鸡腿 300 克
| 香菇 30 克
| 去皮板栗 40 克
| 食用油、姜片、葱花、白糖、水淀粉、食盐各适量
| 大蒜 5 瓣
| 青椒块、红椒块各 20 克
| 大料 3 瓣
| 生抽 1 汤勺
| 料酒少许

做法

1. 大蒜切成片；香菇洗净，斜刀切 4 瓣；鸡腿洗净斩成条，再斩成块。

2. 炒锅置火上，倒入清水，加入鸡块焯烫 10 分钟，用勺子撇除血沫，捞出鸡块。

3. 另起锅，倒入食用油，加入大料、蒜片、姜片、葱花煸香，加入鸡块、香菇、板栗、青椒块、红椒块、生抽翻炒，加入料酒、白糖、食盐、水淀粉翻炒均匀即可。

鸡蛋冒菜

够味儿！

🍄 用料

| 鸡蛋 3 个
| 韭菜 30 克
| 胡萝卜 200 克
| 绿豆芽 100 克
| 粉丝 50 克
| 大蒜 5 瓣
| 葱 1 棵
| 食用油、生抽、食盐各适量

🍲 做法

1. 胡萝卜削皮，切成丝；韭菜切成段；大蒜切成片；葱切成葱花；粉丝放入容器内，倒入清水泡 20 分钟左右；鸡蛋磕入容器内，加入食盐打散。

2. 炒锅置火上，倒入食用油，加入鸡蛋，炒熟后倒出。

3. 另起锅，倒入食用油，加入蒜片、葱花煸香，加入绿豆芽、生抽翻炒均匀，再加入食盐、粉丝翻炒均匀，最后加入韭菜段、胡萝卜丝、鸡蛋翻炒均匀即可。

辣椒爆翅根

够味儿!

🍲 用料

| 鸡翅 300 克
| 水芹 20 克
| 蒜片 6 克
| 姜片 4 克
| 小米泡椒 5 克
| 食用油、杭椒、美人椒、生抽、料酒各适量

🍲 做法

1. 鸡翅洗净，斩成小块；美人椒、杭椒洗净，去根，切成椒圈；水芹撕去叶子，切成段。
2. 炒锅置火上，倒入食用油烧热，加入蒜片煸香，加入鸡翅块煸炒，加入姜片、生抽、料酒翻炒均匀，待汤汁收入鸡翅块中时，加入水芹段、小米泡椒、杭椒圈、美人椒圈翻炒，即可出锅。

小·炒 脱骨鸡

够味儿！

🥢 用料

| 去骨鸡腿肉 300 克
| 大蒜 5 瓣
| 食用油、食盐、生抽、
杭椒、美人椒各适量

🍲 做法

1. 杭椒、美人椒洗净后去根，切成小段；大蒜洗净；鸡腿肉洗净，切成块。

2. 炒锅置火上，倒入食用油烧热，加入鸡块煸炒，断生后倒出。

3. 另起锅，倒入食用油烧热，加入蒜末煸香，加入鸡块、生抽煸炒均匀，加入杭椒段、美人椒段、食盐，快速翻炒即可出锅。

第四章

畜肉类

炝炒豇豆肉片

够味儿！

用料

| 五花肉片 200 克
| 豇豆 300 克
| 大蒜 5 瓣
| 食用油、食盐、美人椒圈、生抽各适量

做法

1. 豇豆洗净，切成段；大蒜切成块。

2. 炒锅置火上，倒入食用油，待油烧至五成热时，下入豇豆过油，然后捞出沥油。

3. 锅内留有少许食用油，加入五花肉片煸炒，加入大蒜块、豇豆段、美人椒圈、食盐、生抽，翻炒均匀即可出锅。

肉豆卷

够味儿！

🍲 用料

| 肉馅 300 克
| 豆片 200 克
| 料酒、白糖、食盐、生抽各适量
| 小米少许

🍲 做法

1. 肉馅放入容器内，加入食盐、生抽、料酒搅拌均匀，豆片中间切开，平铺在案板上，将肉馅放在一边，卷起一头，在剩下豆片上均匀铺满肉馅，卷成卷。

2. 蒸锅置火上，肉卷放入锅中，蒸 15 ～ 20 分钟后取出。

3. 另起锅，倒入清水、小米、白糖，再放入箅子，摆上肉卷，开小火，盖上锅盖，待肉卷熏至上色时取出，肉卷切厚片装盘即可食用。

糖醋排骨

够味儿！

🍳 用料

| 排骨 300 克
| 葱段 10 克
| 姜片 5 克
| 食用油、老抽、料酒、食盐、玉米淀粉、白醋、白糖、番茄酱、水淀粉各适量

🍲 做法

1. 排骨洗净，斩成段。

2. 炒锅置火上，倒入清水，加入排骨段焯烫 5 ~ 10 分钟，用勺子撇除血沫，捞出沥水。

3. 另起锅，倒入食用油，加入葱段、姜片煸香，再加入排骨段炒制，然后加入老抽、料酒、清水、食盐炖 20 分钟左右，捞出排骨段，放入容器内，加入玉米淀粉搅拌均匀。

4. 另起锅，倒入食用油，待油烧至五成热时，倒入排骨，炸至金黄色捞出沥油。

5. 另起锅，倒入白醋、白糖、番茄酱，炒至均匀黏稠，加入水淀粉勾芡，快速加入排骨段翻炒均匀，即可出锅。

熘肝尖

🍲 用料

| 猪肝 280 克
| 香葱 30 克
| 蒜片 8 克
| 葱花 5 克
| 食用油、料酒、生抽、食盐、白糖、水淀粉、玉米淀粉各适量

🍳 做法

1. 香葱洗净，切成段；猪肝斜刀切开，顶刀切成片，放入容器内，加入玉米淀粉轻轻搅拌均匀。

2. 炒锅置火上，倒入食用油，待油烧至六成热时，倒入猪肝片快速拨散，断生后捞出沥油。

3. 锅内留有食用油，加入葱花、蒜片煸香，加入猪肝片、料酒、生抽、清水、食盐、白糖翻炒均匀，临出锅时加入水淀粉勾芡，再加入香葱段翻炒均匀即可。

炖羊蝎子

够味儿！

🥘 用料

| 羊蝎骨 500 克
| 大料 3 瓣
| 花椒、白芷各 4 克
| 香叶 2 片

| 桂皮、姜片各 5 克
| 肉蔻 6 克
| 大蒜 8 瓣
| 食盐、香菜叶、孜然、香葱、料酒、老抽各适量

🍲 做法

1. 羊蝎骨洗净后斩成块，放入容器内，倒入清水，泡出血液后捞出。

2. 炒锅置火上，倒入清水，加入羊蝎骨块，焯烫后撇除血沫，捞出沥水。

3. 另起锅，倒入羊蝎骨块，加入姜片、孜然、大料、花椒、香叶、桂皮、肉蔻、白芷、大蒜、香葱、食盐、料酒、老抽炖 40 ～ 60 分钟后出锅，撒上香菜叶即可。

土豆牛腩

够味儿！

🐚用料

| 牛腩 400 克

| 土豆 200 克

| 葱花 10 克

| 姜片 5 克

| 大蒜 5 瓣

| 花椒 3 克

| 食用油、生抽、食盐、白糖、香菜叶各适量

🍲做法

1. 牛腩洗净，切成块；土豆洗净，去皮，切滚刀块。

2. 炒锅置火上，倒入清水，牛腩块冷水下锅，焯烫 5～10 分钟，用勺子将血沫撇除，捞出牛腩块。

3. 另起锅，倒入食用油，加入葱花、大蒜、姜片、花椒煸香，加入牛腩块翻炒，加入清水、生抽炖 20 分钟，加入食盐、土豆块炖 15 分钟，临出锅时加入白糖，撒上香菜叶即可。

肉末蒸茄子

够味儿！

用料

| 肉末 200 克
| 蒜末 10 克
| 姜末 8 克
| 葱花 5 克
| 茄子 300 克
| 蛋清、香油、食盐、生抽、玉米淀粉、生菜各适量

做法

1. 肉末放入容器内，加入葱花、姜末、蛋清、香油、食盐、生抽和玉米淀粉，搅拌制成肉馅。

2. 茄子洗净，去根，中间切开，每隔一段切一刀，但不要切透，肉馅夹在茄子的每一道切口缝隙中，从中间切一刀，保持切口不断。

3. 蒸锅置火上，茄子移入蒸锅蒸 20 分钟左右，生菜放在盘子上，将茄子放在生菜上，撒上蒜末即可。

蒜香 里脊

够味儿！

⌓ 用料

| 里脊肉 500 克
| 面粉 60 克
| 玉米淀粉 50 克
| 大蒜 7 瓣
| 鸡蛋 1 个
| 食盐、椒盐、食用油各适量

🍲 做法

1. 大蒜切成末；里脊肉洗净后去皮，切成条。

2. 面粉、玉米淀粉倒入容器，加入鸡蛋、清水搅拌均匀成糊。

3. 里脊肉条放入另一个容器内，加入食盐、蒜末腌制。

4. 炒锅置火上，倒入食用油，烧至四成热，肉条粘均匀的糊，放入锅内炸至金黄色后，捞出沥油装盘，撒上椒盐即可。

木耳炒肉片

够味儿!

🥘 用料

| 里脊肉 200 克
| 蒜片 5 片
| 姜片 3 片
| 木耳 10 克
| 香葱段、食用油、红椒块、酱油、食盐各适量

🍲 做法

1. 里脊肉洗净，中间斜刀切开，然后切成片；木耳放入容器内用水泡发。

2. 炒锅置火上，倒入食用油，烧至五成热，加入肉片，待肉片微微定型时，用筷子拨散，然后捞出沥油。

3. 另起锅，倒入少量食用油，加入蒜片、姜片、香葱段煸香，加入肉片、木耳、酱油翻炒，加入红椒块、食盐，快速翻炒后即可出锅。

羊蝎子炖萝卜

够味儿!

🍲 用料

| 羊蝎骨 500 克
| 白萝卜 100 克
| 姜片、干辣椒、孜然、大料、花椒、香叶、桂皮、肉蔻、白芷、大蒜、香葱、
食盐、料酒、老抽各适量

🍳 做法

1. 羊蝎骨斩成块，放入容器内，倒入清水泡出血液后捞出；白萝卜去皮，切滚刀块。

2. 炒锅置火上，倒入清水，加入羊蝎骨块，焯烫后撇除血沫，捞出沥水。

3. 另起锅，倒入羊蝎骨块，加入姜片、干辣椒、孜然、大料、花椒、香叶、桂皮、肉蔻、白芷、大蒜、香葱、食盐、料酒、老抽炖 40 ～ 60 分钟后加入白萝卜块，再炖 10 分钟即可出锅。

拌腰花

够味儿！

🍲 用料

| 猪腰 400 克
| 红椒、香葱、料酒、生抽各适量

🍲 做法

1. 香葱洗净，切成末；红椒洗净，去根，切椒圈。

2. 猪腰中间片开，剔除筋膜，切除中间白色肉，再改刀麦穗状。

3. 炒锅置火上，倒入清水，待水沸腾时加入腰花焯烫，加入料酒片刻后捞出，投凉后装盘，撒上红椒圈、香葱末，倒入生抽即可。

北方鱼香肉丝

够味儿！

🍲 用料

| 后丘肉 300 克
| 蒜片 10 克
| 木耳 5 克
| 蒜薹 100 克
| 胡萝卜 50 克
| 食用油、食盐、玉米淀粉、郫县豆瓣酱、米醋、白糖、水淀粉各适量
| 鸡蛋 1 个
| 料酒少许

🍲 做法

1. 木耳放入容器内，加入清水泡发后切成丝；胡萝卜洗净，削皮后切成丝；蒜薹洗净，去头和尾，切小段；后丘肉洗净，顺纹理切成丝放入容器内，加入食盐、鸡蛋搅拌均匀，再加入玉米淀粉搅拌均匀。

2. 炒锅置火上，倒入食用油，待油烧至五成热时，倒入肉丝，待肉丝微微定型时，用筷子快速拨散，捞出沥油，再将蒜薹段、胡萝卜丝下入油锅，2 分钟后捞出沥油。

3. 锅内留有食用油，倒入郫县豆瓣酱炒散，加入蒜片、米醋、料酒、白糖翻炒均匀，再加入水淀粉勾芡，剩余材料加入锅中翻炒均匀即可。

葱爆牛肉

够味儿！

🍳 用料

| 牛肉 400 克
| 蒜片 7 克
| 香葱 10 克
| 鸡蛋 1 个
| 料酒少许
| 食用油、生抽、玉米淀粉、食盐各适量

🍲 做法

1. 香葱洗净，切成段；牛肉洗净，切小片，放容器内，加入食盐、鸡蛋、玉米淀粉搅拌均匀。

2. 炒锅置火上，倒入食用油，待油烧至六成热时加入牛肉，待牛肉片微微定型时快速拨散，捞出沥油。

3. 锅内留有食用油，加入蒜片煸香，加入生抽、料酒、食盐、香葱段快速翻炒即可出锅。

营养小·炒

够味儿！

🍲 用料

| 后丘肉 100 克
| 木耳 10 克
| 蒜片 5 克
| 胡萝卜 200 克
| 鸡蛋 1 个
| 食用油、玉米淀粉、生抽、食盐各适量

🍳 做法

1. 木耳放入容器内，倒入清水，泡发后捞出沥水，切成丝；胡萝卜削皮，切细丝；后丘肉洗净，先切成片，再切成丝，放入容器内，加入食盐、鸡蛋、玉米淀粉搅拌均匀。

2. 炒锅置火上，倒入食用油，待油烧至六成热时，下入肉丝过油，断生后捞出沥油。

3. 另起锅，留有食用油，加入蒜片、肉丝、木耳丝、胡萝卜丝快速翻炒，加入生抽、食盐翻炒均匀即可出锅。

花生炖排骨

够味儿！

🥢 用料

| 猪肋排 500 克
| 花生仁 100 克
| 枸杞子 6 克
| 葱段 5 克
| 大料 8 瓣
| 生抽 2 汤勺
| 料酒 3 汤勺
| 食盐、姜片、葱花各适量

🍲 做法

1. 猪肋排洗净后斩成段，放入沸水中焯烫，用勺子撇除血沫后捞出。

2. 另起锅，放入清水，加入适量料酒、猪肋排段、葱段、大料、生抽、姜片炖 40 分钟，捞出大料、葱段、姜片后，放入花生仁、食盐，继续炖至花生仁软烂，撒上枸杞子和葱花即可出锅。

土豆豆角烧排骨

够味儿！

🍄 用料

| 排骨 400 克
| 豆角 100 克
| 土豆 150 克
| 大料 3 瓣
| 食用油、姜片、蒜片、生抽、食盐、香葱段各适量

🍲 做法

1. 豆角、土豆洗净；将豆角两头撕去筋，掰小段；土豆去皮，切成条；排骨洗净后斩成小段。

2. 炒锅置火上，倒入清水，排骨段冷水下锅焯烫 5～10 分钟，用勺子将血沫撇除，捞出沥水。

3. 另起锅，倒入食用油烧热，加入大料、蒜片、姜片煸香，加入土豆条、豆角段、生抽、食盐、清水、排骨段烧 20～30 分钟，撒上香葱段即可。

羊肉炖胡萝卜

够味儿！

🍮 用料

| 羊肉 300 克
| 胡萝卜 100 克
| 粉条 50 克
| 蒜片 5 克
| 食用油、姜片、生抽、食盐、葱花
各适量

🍲 做法

1. 胡萝卜去皮，切滚刀块；羊肉洗净后切成块；粉条放入容器内，浸泡 20 分钟后捞出沥水。

2. 炒锅置火上，倒入清水，加入羊肉块，焯烫 10～15 分钟，用勺子撇除血沫后捞出沥水。

3. 另起锅，倒入食用油，加入姜片、蒜片煸香，再加入羊肉块煸炒，然后加入生抽、清水、食盐炖 30 分钟，最后加入粉条和胡萝卜块，10 分钟后出锅，撒上葱花即可。

双椒炒肉丝

够味儿!

🍲 用料

| 后丘肉 200 克
| 榨菜丝 150 克
| 红椒 10 克
| 青椒 8 克
| 蛋清 15 克
| 蒜末 6 克
| 葱花 5 克
| 食用油、料酒、食盐、胡椒粉、水淀粉、生抽各适量

🍲 做法

1. 青椒、红椒分别洗净,切成丝;后丘肉洗净,切成丝,放入容器内,加入料酒、食盐、胡椒粉、蛋清搅拌均匀,再加入水淀粉搅拌。

2. 炒锅置火上,倒入食用油,加入肉丝翻炒后,捞出沥油。

3. 另起锅,锅内留有食用油,加入葱花煸香,加入青椒丝、红椒丝煸炒,加入肉丝、生抽翻炒均匀,加入榨菜丝翻炒,加入水淀粉勾芡,最后加入蒜末翻炒即可出锅。

黑粉炒肉丁

够味儿！

🍲 用料

| 五花肉 200 克
| 姜片 5 克
| 蒜片 6 克
| 番薯粉 300 克
| 食用油、食盐、生抽、辣
椒粒各适量

🍳 做法

1. 五花肉去皮，切肉末；番薯粉放入容器内，加入清水搅散，加入生抽、食盐搅拌均匀。

2. 蒸锅置火上，番薯粉置蒸锅中，蒸 10～20 分钟，取出后切成丁。

3. 炒锅置火上，倒入食用油，加入肉末煸香，加入生抽、蒜片、姜片、辣椒粒、清水、番薯粉翻炒均匀即可。

清炖 丸子

够味儿！

🥣 用料

| 五花肉 300 克
| 姜 10 克
| 面粉 30 克

| 鸡蛋 1 个
| 食盐、豆腐皮、大豆腐片、枸杞子、葱段各
适量

🍲 做法

1. 姜去皮，先切成细丝，再切成末；五花肉去皮，先切成肉片，再切成肉丝，然后切成肉丁，最后切成肉末，肉末放入容器内，加入食盐、姜末搅拌均匀，再加入面粉、鸡蛋和少量清水搅拌均匀。

2. 砂锅置火上，加入豆腐皮、大豆腐片、清水、葱段、枸杞子做汤，肉末氽成大丸子，待汤煮沸后下入锅中，炖 15 ～ 25 分钟即可出锅。

肉烧茄子

够味儿！

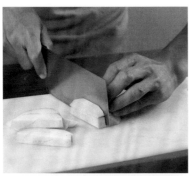

🥄 用料

| 茄子 500 克
| 肉馅 100 克
| 青椒条 15 克
| 红椒条 10 克
| 葱花 5 克
| 食用油、生抽、食盐、白糖各适量

🍲 做法

1. 茄子洗净，削皮，切粗条。

2. 炒锅置火上，倒入食用油，待油烧至六成热时，倒入茄子条过油，炸至金黄后捞出沥油。

3. 锅内留有食用油，加入肉馅煸炒，加入葱花、生抽、清水、食盐、白糖、茄子条炒制，加入青椒条、红椒条翻炒均匀，收汁后即可出锅。

京酱肉丝

够味儿！

用料

| 里脊肉 250 克
| 豆片 200 克
| 葱 1 棵
| 食用油、甜面酱、鸡蛋、玉米淀粉、料酒、白糖、食盐各适量

做法

1. 里脊肉切成丝；葱切细丝；豆片切小片。

2. 肉丝放入容器内，加入食盐、鸡蛋、玉米淀粉搅拌。

3. 炒锅置火上，倒入食用油，待油烧至六成热时，下入肉丝过油，断生后捞出沥油。

4. 锅内留有食用油，加入料酒、清水、甜面酱、白糖炒制，加入肉丝翻炒均匀后出锅，撒上葱丝，与豆片一起摆盘即可。

豆角炖五花肉

够味儿！

用料

| 五花肉 300 克
| 豆角 200 克
| 姜片 5 克
| 大料 2 瓣
| 料酒少许
| 食用油、生抽、白糖、食盐各适量

做法

1. 豆角洗净，撕去筋，折小段；五花肉洗净，切成块。

2. 砂锅置火上，倒入清水，加入五花肉块焯烫 5 ～ 10 分钟，捞出沥水。

3. 另起锅，倒入食用油，加入大料、姜片煸香，加入五花肉煸炒，加入生抽炒制，加入料酒、白糖、食盐、清水炖 15 分钟左右，加入豆角炖 5 ～ 15 分钟即可出锅。

芦蒿炒腊肉

够味儿!

🥄 用料

| 腊肉 150 克
| 芦蒿 300 克
| 蒜片 6 克
| 食用油、辣椒丁、生抽、食盐各适量

🍲 做法

1. 腊肉顶刀切成片；芦蒿洗净，切成段。

2. 炒锅置火上，倒入清水，待水烧开后加入腊肉片焯烫，捞出沥水。

3. 另起锅，倒入食用油烧热，加入蒜片、辣椒丁煸香，加入腊肉片炒出香味，加入芦蒿段、食盐、生抽翻炒均匀即可。

青椒炒五花肉

够味儿！

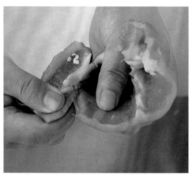

🍲 用料

| 五花肉 200 克
| 青椒 300 克
| 葱花 5 克
| 食用油、生抽、食盐、胡椒粉各适量

🍲 做法

1. 青椒洗净，去根、籽，撕成小块；五花肉切肉片。

2. 炒锅置火上，倒入食用油，加入五花肉片煸炒，加入葱花、生抽、青椒块炒制，加入胡椒粉、生抽、食盐翻炒均匀即可。

藕丁炒肉末

够味儿！

📖 用料

| 五花肉馅 100 克
| 莲藕 400 克
| 食用油、老抽、生抽、干辣椒、姜末、食盐、葱花各适量

🍲 做法

1. 五花肉馅剁细一些；莲藕洗净后去皮、根，切成片后切成丁。

2. 炒锅置火上，倒入清水，放入藕丁焯烫 2～5 分钟，捞出沥水。

3. 另起锅，倒入食用油，加入肉馅煸炒出香味，然后加入干辣椒、姜末继续煸炒，倒入藕丁翻炒，加入适量老抽、生抽、食盐翻炒均匀，撒上葱花即可。

农家 小·炒

够味儿!

🍄 用料

| 五花肉 300 克
| 姜片 4 克
| 大蒜 5 瓣
| 食用油、青椒、美人椒、食盐、豆豉各适量
| 红椒、生抽各少许

🍲 做法

1. 青椒洗净，顶刀切椒圈；红椒洗净后切少量椒圈；美人椒洗净后切小圈；五花肉洗净，去皮，切成肉片。

2. 炒锅置火上，倒入食用油烧热，倒入五花肉片煸炒，加入大蒜、姜片、美人椒圈、青椒圈、红椒圈快速翻炒，加入生抽、食盐、豆豉快速翻炒即可。

肉末小·白菜

够味儿！

用料

| 五花肉 100 克
| 小白菜 500 克
| 姜末 5 克
| 洋葱丝、食用油、美人椒圈、食盐、老抽各适量

做法

1. 小白菜洗净，去根，切小段；五花肉洗净，切成末。

2. 炒锅置火上，倒入食用油，加入五花肉末煸炒，加入姜末、老抽炒至上色，加入小白菜段、食盐、美人椒圈、洋葱丝翻炒均匀即可。

萝卜干炒腊肉

够味儿！

🍳 用料

| 腊肉 250 克
| 萝卜干 200 克
| 大蒜 6 瓣
| 姜片 3 克
| 蚝油少许
| 生抽、干辣椒、食用油各适量
| 香葱段 5 克

🍲 做法

1. 萝卜干切成片，再切成条；腊肉去皮，切成薄片。

2. 炒锅置火上，倒入清水，腊肉片倒入水中，待清水煮沸后捞出沥水。

3. 另起锅，加入食用油，烧热后加入干辣椒、大蒜、姜片煸香，加入腊肉片翻炒片刻，再加入萝卜干条、香葱段翻炒均匀，加入生抽、蚝油快速翻炒即可。

菜花炒五花肉

够味儿!

🥘 用料

| 五花肉 200 克
| 有机菜花 400 克
| 大蒜 6 瓣
| 美人椒丁、食用油、蚝油、食盐、生抽各适量

🍲 做法

1. 五花肉洗净,用刀剔下肉皮后,切成片;有机菜花洗净,从根部切下,切小块。
2. 炒锅置火上,倒入食用油烧热,加入五花肉片煸炒,加入大蒜炒出香味,加入有机菜花、食盐、生抽、清水、蚝油、美人椒丁翻炒均匀即可。

蒜薹炒后丘

够味儿！

🥄 用料

| 后丘肉 150 克
| 蒜薹 300 克
| 鸡蛋 1 个
| 食用油、玉米淀粉、食盐、生抽各适量

🍲 做法

1. 后丘肉洗净，切成丝，放入容器内，加入食盐、鸡蛋，搅拌均匀，加入玉米淀粉，搅拌均匀；蒜薹洗净，切成段。

2. 炒锅置火上，倒入食用油，待油烧至五成热时，加入蒜薹过油，再捞出沥油。

3. 锅内留有食用油，加入肉丝煸炒，加入蒜薹翻炒，加入生抽、食盐翻炒均匀即可。

牙签里脊

够味儿！

🍳 用料

| 里脊肉 400 克
| 食用油、玉米淀粉、白芝麻、白糖、老抽、面粉、牙签、香菜叶各适量

🍲 做法

1. 里脊肉切成条，肉条用牙签穿过，露出一部分牙签。

2. 玉米淀粉与面粉混合（1：1），均匀地撒在肉上面。

3. 炒锅置火上，倒入食用油，待油烧至五成热时倒入牙签肉，炸至两面金黄时捞出沥油。

4. 另起锅，倒入食用油，加入少量清水、白糖，不停地用勺子在锅内打圈，直到颜色变棕红色时倒入一点老抽，再放入牙签肉快速翻炒后出锅，撒上白芝麻和香菜叶即可。

肉末芥蓝

够味儿！

用料

| 肉末 100 克
| 芥蓝 500 克
| 生抽、食用油、熟土豆块各适量

做法

1. 去芥蓝大根、大叶子，留下嫩的部分。

2. 炒锅置火上，倒入清水，下入芥蓝焯烫熟，捞出沥水，装盘。

3. 另起锅，倒入食用油，下入肉末，加入生抽煸炒后出锅，和土豆块一起浇在芥蓝上即可。

第五章

水产品

芙蓉海肠

够味儿！

用料

| 海肠 500 克
| 韭菜 200 克
| 鸡蛋 3 个
| 红椒条少许
| 食用油、姜末、食盐、香葱段各适量

做法

1. 海肠用剪刀去掉一头后，去内脏，再剪掉另一头后洗净，剪小段；韭菜洗净后切小段；鸡蛋磕入碗内，将蛋清、蛋黄分开放。

2. 炒锅置火上，倒入清水，下入海肠焯烫熟，捞出沥水。

3. 另起锅，倒入食用油，放入蛋清炒至成形后盛出。

4. 另起锅，倒入食用油，放入蛋黄炒至成形后盛出。

5. 另起锅，倒入食用油，先加入姜末煸香，再加入海肠段煸炒，最后加入香葱段、红椒条、韭菜段、蛋清块、蛋黄块、食盐翻炒均匀即可。

凉拌 **海蜇**

够味儿!

🍲 用料

| 海蜇头 200 克
| 蒜片 5 克
| 香油、米醋、食盐各适量

🍲 做法

海蜇头放入容器内,倒入清水,浸泡 2 小时后捞出沥水,放入碗中,加入米醋、食盐、香油、蒜片搅拌均匀即可。

铁板贝尖

够味儿！

✍ 用料

| 黄蚬子 500 克
| 姜末 5 克
| 食用油、生抽、料酒各适量

🍲 做法

1. 黄蚬子洗净，放铁板上。

2. 铁板置火上，倒入食用油，待黄蚬子微微张开时，倒入料酒，撒上姜末，加入生抽即可。

清炒虾仁

够味儿！

🦐 用料

| 虾仁 200 克
| 葱花、姜片、枸杞子各少许
| 食用油、水淀粉、食盐各适量

🍲 做法

1. 炒锅置火上，倒入清水，待水沸腾时倒入虾仁，焯烫 30 秒后捞出沥水。

2. 另起锅，加入少量清水、食用油、姜片、虾仁翻炒，加入适量食盐、清水快速翻炒，临出锅时加入水淀粉勾芡，撒上葱花和枸杞子即可。

黄瓜虾仁

🍳 用料

| 虾仁 200 克
| 黄瓜 100 克
| 面粉 80 克
| 食用油、食盐、白糖各适量

🍲 做法

1. 取一个碗，倒入面粉，加入适量的清水，和成面糊；黄瓜洗净，去皮后切成两半，然后切成锯齿形。

2. 炒锅置火上，倒入食用油，烧至八成热时，将虾仁裹满面糊放入热油中，炸至金黄色后捞出。

3. 另起锅，放入适量的清水，水烧沸后放入白糖，用勺子沿一个方向不停地搅拌，待糖色变深时放入炸好的虾仁和黄瓜块翻炒均匀，再放入适量的食盐调味即可出锅。

西葫芦炒虾仁

够味儿！

用料

| 虾仁 200 克
| 西葫芦 300 克
| 食用油、枸杞子、食盐各适量
| 姜片 4 克

做法

1. 西葫芦洗净后去瓤，斜刀片厚片；枸杞子洗净。

2. 炒锅置火上，倒入清水，待水沸腾时加入虾仁焯烫七分熟，捞出沥水。

3. 另起锅，倒入食用油，待油烧至五成热时，加入西葫芦，微微炸一下捞出。

4. 另起锅，倒入食用油，加姜片煸香，加入西葫芦、虾仁、枸杞子、食盐翻炒均匀即可。

红烧带鱼

够味儿！

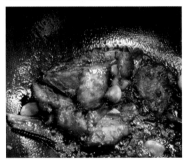

用料

| 带鱼 500 克
| 大蒜 4 瓣
| 食用油、干辣椒、老抽、白糖各适量
| 料酒、葱花各少许

做法

1. 用钢丝球去掉带鱼身上的白鳞后，去鱼头和鱼鳍，切成段。

2. 炒锅置火上，倒入食用油，待油烧至六成热时下入带鱼段，炸至金黄色后捞出沥油；大蒜下入油锅中，炸至金黄色后捞出沥油。

3. 锅内留有食用油，加入大蒜、干辣椒、老抽、料酒、清水、带鱼段、白糖烧至汁收浓，撒上葱花即可。

芦蒿 虾柳

够味儿！

🥄 用料

| 虾柳 20 克
| 乌参 50 克
| 芦蒿 300 克
| 腰果 60 克
| 红椒 10 克
| 食盐、食用油各适量
| 料酒少许
| 葱花 5 克

🍲 做法

1. 红椒洗净，切成丝；芦蒿洗净，去少量根，切成段; 乌参洗净,去内脏,切成丝。

2. 炒锅置火上，倒入食用油，待油烧至四成热时，加入腰果炸制，待色泽变金黄色后捞出沥油。

3. 另起锅，倒入食用油，加入葱花煸香，再加入芦蒿段、虾柳、乌参丝快速翻炒，加入食盐、料酒、红椒丝、腰果翻炒均匀即可。

干煎 小·黄鱼

够味儿!

🍲 用料

| 小黄鱼 400 克
| 姜片 3 克
| 葱、食盐、食用油、
料酒各适量

🍲 做法

1. 葱斜刀切成片。

2. 小黄鱼处理干净,放入容器内,加入食盐、料酒、葱片、姜片搅拌均匀,腌制 20 分钟。

3. 平底锅置火上,倒入食用油,将小黄鱼放入锅中,煎至两面金黄即可。

炒蛏子

够味儿！

🍳 用料

| 蛏子 500 克
| 香葱段少许
| 大蒜 5 瓣
| 青椒 25 克
| 郫县豆瓣酱、水淀粉、食用油各适量
| 美人椒 15 克

🍲 做法

1. 美人椒洗净后去蒂，切成小圈；青椒去筋后切成片；大蒜切成片。

2. 锅置火上，倒入清水，水开后将蛏子放入沸水中焯烫，捞出沥水。

3. 另起锅，倒入食用油，放入蒜片、郫县豆瓣酱煸香，放入蛏子、香葱段、美人椒圈、青椒片翻炒均匀，再加入水淀粉勾芡即可。

腰果虾仁

够味儿！

用料

| 虾仁 200 克
| 黄瓜 300 克
| 胡萝卜 100 克
| 姜片 5 克
| 腰果 120 克
| 食用油、食盐、水淀粉各适量

做法

1. 胡萝卜洗净后去皮，中间切开，切成丁；黄瓜去皮，中间切开，去瓤后切成丁。

2. 炒锅置火上，倒入食用油，待油烧至三四成热时倒入腰果，炸至颜色加深后捞出沥油。

3. 另起锅，倒入清水，待水烧开时放入虾仁，焯烫七分熟后，捞出沥水。

4. 另起锅，倒入食用油，加入姜片煸香，加入虾仁、黄瓜丁、胡萝卜丁快速翻炒，加入腰果、清水、食盐翻炒均匀，再加入水淀粉勾芡即可出锅。